La plus heureuſe invention reſte ſans fruit pour la ſociété, ſi ſon utilité n'eſt pas connue, ſi ſon uſage n'eſt pas encouragé par les Grands, par les Magiſtrats, par les Citoyens d'élite, qui s'occupent du bien public & de l'intérêt de l'Etat. C'eſt ſous ce point de vue qu'on préſente avec confiance cet Ouvrage qui annonce de gradns avantages pour l'humanité.

Monſieur de Borry, chef d'Eſcadres des armées Navales, De l'académie royale des ſciences de Paris.

POMPES
SANS CUIRS.

POMPES
SANS CUIRS.

DESCRIPTIONS, Propriétés & Figures gravées en taille-douce, des nouvelles Pompes fans cuirs, de l'invention de M. DARLES DE LINIERE, *Ecuyer, qui les a primitivement préfentées pour le fervice de la Marine, & fucceffivement appropriées pour les incendies & tous autres ufages.*

A PARIS,

A la Manufacture Royale defdites Pompes, rue neuve
Saint Gilles, au Marais.
Et chez ANTOINE BOUDET, Imprimeur du Roi, rue
Saint Jacques.

M. DCC. LXVIII.

AVEC APPROBATION ET PERMISSION.

LE COMTE DE CHOISEUL,

DUC DE PRASLIN,

Pair de France, Chevalier des Ordres du Roi, Lieutenant Général de ſes Armées & de la Province de
Bretagne, Miniſtre & Secrétaire d'Etat ayant le Dé-
partement de la Marine, & Chef du Conſeil Royal
des Finances.

MONSEIGNEUR,

*Je ſupplie, VOTRE GRANDEUR,
de permettre que je publie ſous ſes auſpices, les*

descriptions & les propriétés circonstanciées des Pompes de mon invention, dont les avantages pour le service de la Marine, ont été constatés en votre présence & par les diverses expériences que vous avez ordonnées; votre suffrage, MONSEIGNEUR, manifestera l'utilité de ces Pompes.

Je suis avec un très-profond respect,

MONSEIGNEUR,

DE VOTRE GRANDEUR,

Le très-humble & très-
obéissant Serviteur
DARLES DE LINIERE.

DESCRIPTIONS

ET PROPRIÉTÉS

DES

NOUVELLES POMPES

SANS CUIRS.

INTRODUCTION.

'USAGE des Pompes eft devenu indifpenfable dans la fociété, & la fureté de leur fervice, jointe à l'abondance de leur produit, eft un objet important, particulierement dans la partie de la Marine & des Incendies, où ces Machines peuvent fauver journellement la vie & les biens d'une multitude d'hommes.

Ce font ces confidérations qui m'ont animé

A

& foutenu dans les longues recherches, par lefquelles je devois parvenir à rectifier les défauts inféparables de la conftruction des Pompes connues jufqu'ici, qui toutes ont plus ou moins les mêmes défectuofités, en ce qu'elles font néceffairement garnies de cuirs, & qu'elles ont indifpenfablement des étranglemens d'eau qui réfultent de leur forme.

Ces Pompes ont été primitivement appropriées & propofées pour le fervice de la Marine.

Celles que j'ai heureufement imaginées & que j'ai propofées pour le fervice de la Marine, font abfolument fans cuirs, & fans étranglement d'eau. Elles ont mérité l'attention du Miniftere, & peut-être que jamais les propriétés d'une invention nouvelle n'ont été auffi foigneufement examinées & auffi authentiquement conftatées.

Filiation des examens & expériences authentiques, qui ont conftaté les propriétés de ces Pompes.

Le privilége exclufif de mes Pompes, accompagné de Lettres Patentes, m'a été accordé en 1763, à la fuite de diverfes expériences ordonnées par M. le Duc de Choifeul alors Miniftre de la Marine. Le Parlement a ordonné de nouveaux examens avant l'enregiftrement des Lettres Patentes : d'autres expériences ont été fucceffivement foutenues pendant le courant de dix-huit mois, à Breft & à Paris, en mer comme fur terre, par les principaux Officiers de la Marine du Roi, des Commiffaires Ordonnateurs de Marine, des Ingénieurs en chef conftructeurs de vaiffeaux, & fix Membres de l'Académie Royale des Sciences de Paris, tous nommés à cet effet, par M. le Duc de Praflin, Miniftre de la Marine, qui a honoré de fa préfence l'une de ces principales épreuves.

C'eſt à la ſuite de toutes ces expériences que le Miniſtre en 1767, m'a paſſé un marché de la fourniture de mes Pompes à épuiſement pour les Vaiſſeaux du Roi , & de celles à incendie , pour la conſervation des Magaſins & Arſenaux de S. M. dans ſes Ports.

L'expérience qui en a été enſuite faite en préſence du Roi à Verſailles a été inſérée dans la Gazette de France du 11 Décembre 1767.

D'autres épreuves ſe ſont ſuccédées à Marſeille, à Montpellier, à Cête, à Bordeaux, à la Rochelle, au Hâvre, à Rouen, à Angers, à Amiens, &c. par-tout les mêmes propriétés ont été reconnues & authentiquement conſtatées.

Les expériences qui ont été faites chez l'Etranger m'ont mérité les Priviléges excluſifs de la plus grande partie des autres Puiſſances de l'Europe.

On voit qu'il ne s'agit pas ici d'une de ces inventions annoncées par de vagues allégations, ou ſur des certificats mendiés & toujours équivoques ; c'eſt l'utilité publique, Loi ſuprême que le Miniſtère ne perd jamais de vue, qui l'a déterminé à prendre les plus exactes précautions, pour ſe prémunir contre toute erreur ſur l'expoſé des avantages de mes Pompes ; particulierement eu égard à leur ſervice pour la Marine , & les Incendies. Il ſemble que de pareilles authenticités doivent naturellement faire ceſſer toute incertitude chez le Citoyen, & le prémunir contre les manœuvres & les criailleries ordinaires des envieux & des antago-

A ij

niftes, avec lefquels je me fuis fait une loi de garder un filence profond, & de n'entrer jamais dans aucune efpece de concurrence, toujours indécente aux yeux des perfonnes cenfées. Des déclamations aventurées ne feront jamais un titre contre des faits conftatés par ordre du Gouvernement, dans une longue fuite d'expériences renouvellées fous les yeux des plus grands Mathématiciens du Royaume, Officiers de Marine & Académiciens.

La forme & la mécanique de mes Pompes, font de la plus grande fimplicité. Elles font applicables, comme les Pompes ordinaires, à toute efpece de moteurs, tels que les hommes, les chevaux, les chutes d'eau, la puiffance des vents, les machines à feu ; mais elles ont la faculté que n'ont pas les autres Pompes de travailler dans les eaux chargées de fable, de vafe, d'ordure, dans les eaux corrofives, avec la même fureté de fervice que dans les claires & limpides.

Sans avoir eu vue de m'étayer fur des certificats ; je crois devoir citer ici celui d'un grand Prince, en date du 11 Décembre 1765 ; il y eft dit que, quatre de mes Pompes ont travaillé fans relâche nuit & jour pendant fix mois, à épuifer les eaux chargées de boues, de fable & de gravier, des fondations d'un de fes Palais à Paris, fans que ces Pompes ayent éprouvé la moindre altération par ce travail, d'où elles ont été tirées comme neuves ; ces faits font atteftés dans ce certificat par les Architecte & Controlleur des bâtimens du Prince.

Dans les Procès-verbaux des expériences de

Meſſieurs les Officiers de la Marine du Roi, & ſucceſſivement de Meſſieurs les Académiciens, dont M. de Parcieux, l'un d'entr'eux, a particulierement rendu compte au Miniſtre; il a été conſtaté que mes Pompes à épuiſement appropriées pour la Marine de Guerre, portant l'eau à 25 ou 26 pieds, donnent par dix hommes, au moins ſept barriques d'eau par minute (la barrique du poids de 500 livres), & que celles des Navires Marchands qui ſont appropriées pour agir par un ſeul homme, portant l'eau de 15 à 16 pieds, donnent quarantecinq à cinquante barriques par heure, conformément à ce que l'annoncent les Mémoires imprimés. Quelle énorme différence de ce produit, à celui des Pompes actuelles de ces Navires, qui donnent difficilement quinze barriques par trois hommes, dans la même heure !

Les fatigues qu'occaſionnent ces Pompes, accablent les Matelots; bientôt ils ne peuvent ſuffire aux manœuvres, les marchandiſes ſont avariées; heureux ſi l'on eſt à portée de s'échouer. Combien d'hommes & de vaiſſeaux ont péri, faute de Pompes d'un produit abondant, & d'un ſervice toujours aſſuré, telles que ſont celles dont il s'agit?

Dans la partie des Pompes à incendie, quels ravages la ſociété n'éprouve-t-elle pas journellement par leurs défectuoſités? Il en eſt certainement de parfaites dans leur genre, dont la compoſition a été dirigée par des ſçavans; mais preſque toutes ſont l'ouvrage de quelques Artiſtes entreprenans

& prefque toujours fans principes. Il s'en trouve toutefois de bonnes dans leur efpece & bien exécutées ; mais la plûpart, étant trop petites, ne donnent qu'un filet d'eau plus propre à attifer qu'à éteindre ; d'ailleurs, leur jet n'eft prefque jamais foutenu, il ne fe fait que par éjaculation, enforte qu'une grande partie de l'eau, retombe avant d'atteindre l'endroit enflammé.

Suite de ces inconvéniens.   Pour parvenir à les mettre en action, il faut employer un tems précieux à les amorcer, à y vuider une multitude de feaux d'eau pour les abreuver. Les cuirs dont elles font garnies font d'abord appropriés avec foin par l'Artifte, mais bientôt ils fe renflent dans le jeu de la Pompe. Dès qu'ils font un peu trop renflés, la réfiftance par les frottemens devient terrible, ces cuirs fe déchirent, fe dérangent. Sont-ils trop defféchés ? la Pompe ne donne que peu ou point d'eau. Cette eau eft-elle chargée de vafe, de quelques ordures ? les Pompes s'engorgent, elles ceffent d'agir, l'incendie s'étend, tout eft confumé.

Réflexions fur les inconvéniens des Pompes ordinaires à tous les ufages.   Les mêmes inconvéniens ont lieu plus ou moins avec les Pompes actuelles à tous les ufages, parce que toutes font néceffairement garnies de cuirs, parce que toutes ont des étranglemens qui diminuent confidérablement leur produit ; ces inconvéniens qui néceffitent une grande augmentation de force, & par conféquent de dépenfes pour les tenir en action, ont été fupportés patiemment, parce qu'on les a cru de l'effence des Pompes & inféparables de leur conftruction.

7

Dans les divers usages que l'on fait des Pompes tels que les Mines, les Carrieres, les Brasseries, Tentureries, grandes Manufactures, les puits, les arrosemens des terres, des jardins, les fouilles des bâtimens, les dessechemens des marais, les grands épuisemens, l'élévation des eaux nécessaires aux Habitans des grandes Villes ; dans tous ces cas, les nouvelles Pompes substituées aux anciennes, en leur conservant les mêmes moteurs, qu'on suppose bien dirigés, doubleront au moins les produits, & vraisemblablement bien au-delà. La comparaison des nouveaux produits ouvrira les yeux sur l'insuffisance de ceux qu'on a eu jusqu'à présent.

Mais il est essentiellement à observer que la supériorité du produit de ces Pompes est le moins précieux de leurs avantages. Celui qui mérite de fixer l'attention générale, est d'avoir aujourd'hui dans la société, des Pompes sans cuirs, des Pompes, pour ainsi dire, sans fin, sans frais d'entretien, sans jamais avoir besoin des changemens de corps de Pompe, de piston & de soupapes, que les Pompes garnies de cuirs exigent journellement. Ce sont ces inconvéniens à charge & inséparables de leur construction, qui les ont fait toujours comparer avec raison, à ce qu'est l'acquisition d'un mauvais cheval, qui rend peu de service, jamais assuré, & qui coûte beaucoup d'entretien ; à ce qu'est une montre médiocrement travaillée, dont l'heure indiquée est toujours incertaine.

La supériorité du produit de ces Pompes n'est pas le plus précieux de leurs avantages.

La découverte de ces Pompes eft particulierement précieufe pour la Marine & pour les incendies ; on le répéte, de la fureté du fervice & de l'a-
bondance du produit des Pompes qu'on y emploie, peuvent dépendre à tous les inftans, le falut
ou la perte de la vie & des biens d'une multitude
d'hommes.

Celles à incendie fervent également avec beaucoup d'aifance & avec un grand avantage aux arrofemens des voiles des Vaiffeaux, aux arrofemens
des jardins, des potagers, des prairies, & à donner
de l'eau à tous les étages des maifons.

Le Gouvernement a érigé la Manufacture de ces
Pompes en Manufacture Royale avec fes préroga-
tives ; elle eft établie à Paris, *rue neuve faint Gilles,
au Marais*, où l'on peut voir agir ces Pompes à
tous ufages, en examiner la mécanique, & en re-
connoître les produits.

Les Sçavants qui ont écrit fur cette matiere, fur
les Pompes qu'ils ont fucceffivement imaginées ou
connues, n'ont rien laiffé à defirer pour en déve-
lopper les reffources ; deforte que j'euffe gardé le
filence fur un objet dont les parties mécaniques &
phyfiques ont été auffi fçavamment traitées, fi la
compofition de mes Pompes n'étoit pas très-diffé-
rente des autres, & n'exigeoit pas indifpenfablement des defcriptions particulieres & des documens
analogues aux nouvelles applications des principes
par lefquelles celles-ci agiffent dans leurs divers ufages. J'ai cru au refte, devoir m'exprimer dans un
ftile

ftile fimple, & dans des termes à la portée de tout le monde, pour en faciliter l'intelligence aux cytoyens les moins verſés dans ces matieres.

B

Dans les divers ufages que l'on fait des Pompes tels que les Mines, les Carrieres, les Brafferies, Tentureries, grandes Manufactures, les puits, les arrofemens des terres, des jardins, les fouilles des bâtimens, les deffechemens des marais, les grands épuifemens, l'élévation des eaux néceffaires aux Habitans des grandes Villes ; dans tous ces cas, les nouvelles Pompes fubftituées aux anciennes, en leur confervant les mêmes moteurs, qu'on fuppofe bien dirigés, doubleront au moins les produits, & vraifemblablement bien au-delà. La comparaifon des nouveaux produits ouvrira les yeux fur l'infuffifance de ceux qu'on a eu jufqu'à préfent.

Mais il eft effentiellement à obferver que la fupériorité du produit de ces Pompes eft le moins précieux de leurs avantages. Celui qui mérite de fixer l'attention générale, eft d'avoir aujourd'hui dans la fociété, des Pompes fans cuirs, des Pompes, pour ainfi dire, fans fin, fans frais d'entretien, fans jamais avoir befoin des changemens de corps de Pompe, de pifton & de foupapes, que les Pompes garnies de cuirs exigent journellement. Ce font ces inconvéniens à charge & inféparables de leur conftruction, qui les ont fait toujours comparer avec raifon, à ce qu'eft l'acquifition d'un mauvais cheval, qui rend peu de fervice, jamais affuré, & qui coûte beaucoup d'entretien ; à ce qu'eft une montre médiocrement travaillée, dont l'heure indiquée eft toujours incertaine.

La fupériorité du produit de ces Pompes n'eft pas le plus précieux de leurs avantages.

<table>
<tr><td valign="top" width="30%">

L'ufage de ces Pompes eſt particuliere- ment impor- tant pour la Marine & pour les incendies.

</td><td valign="top">

La découverte de ces Pompes eſt particuliere- ment précieuſe pour la Marine & pour les incen- dies ; on le répéte, de la ſureté du ſervice & de l'a- bondance du produit des Pompes qu'on y em- ploie, peuvent dépendre à tous les inſtans, le ſalut ou la perte de la vie & des biens d'une multitude d'hommes.

</td></tr>
<tr><td valign="top">

Celles à In- cendie ont di- verſes applica- tions utiles.

</td><td valign="top">

Celles à incendie ſervent également avec beau- coup d'aiſance & avec un grand avantage aux ar- roſemens des voiles des Vaiſſeaux, aux arroſemens des jardins, des potagers, des prairies, & à donner de l'eau à tous les étages des maiſons.

</td></tr>
<tr><td valign="top">

Adreſſe de la Manufacture de ces Pompes, érigée en Ma- nufacture roya- le.

</td><td valign="top">

Le Gouvernement a érigé la Manufacture de ces Pompes en Manufacture Royale avec ſes préroga- tives ; elle eſt établie à Paris, *rue neuve ſaint Gilles, au Marais*, où l'on peut voir agir ces Pompes à tous uſages, en examiner la mécanique, & en re- connoître les produits.

</td></tr>
<tr><td valign="top">

Motifs qui ont déterminé à donner cet ouvrage.

</td><td valign="top">

Les Sçavants qui ont écrit ſur cette matiere, ſur les Pompes qu'ils ont ſucceſſivement imaginées ou connues, n'ont rien laiſſé à deſirer pour en déve- lopper les reſſources ; deſorte que j'euſſe gardé le ſilence ſur un objet dont les parties mécaniques & phyſiques ont été auſſi ſçavamment traitées, ſi la compoſition de mes Pompes n'étoit pas très-diffé- rente des autres, & n'exigeoit pas indiſpenſable- ment des deſcriptions particulieres & des documens analogues aux nouvelles applications des principes par leſquelles celles-ci agiſſent dans leurs divers uſa- ges. J'ai cru au reſte, devoir m'exprimer dans un

</td></tr>
</table>

ſtile

DESCRIPTION

DES POMPES APPROPRIÉES

POUR LA MARINE DE GUERRE,

ET de celles appropriées pour la Marine Marchande.

LA figure premiere eſt une des Pompes conve-nues & appropriées pour les Vaiſſeaux du pre-mier rang, ſon diametre intérieur eſt de 10 pouces. Son piſton A eſt un cylindre de cuivre fondu, couronné de ſa ſoupape B ; ſa longueur eſt d'envi-ron 36 pouces. Il eſt diſpoſé de manière que, dans l'action, il parcourt à chaque vibration 27 pouces de chemin.

C eſt le corps de Pompe ou tuyau de garde, également de cuivre fondu, dans lequel le piſton joue & eſt embraſſé avec une préciſion que l'une & l'autre de ces pieces acquièrent néceſſairement, au moyen de certaines machines inventées à cet effet ; préciſion qui eſt impraticable par tous les moyens connus juſqu'à ce jour.

D. eſt la ſoupape d'aſpiration, dont le diamètre eſt égal à la baſe du piſton. Cette ſoupape eſt d'une ſeule pièce de cuivre fondu avec ſa queue. La pièce qui lui ſert de baſe ſur laquelle elle joue, ayant

Planche pre-miere.

Figure pre-miere.

Pompe de Vaiſſeau de Guèrre. Sa deſ-cription.

Préciſion du travail des piſ-tons , & des corps de Pom-pe , & com-ment elle eſt acquiſe.

Solidité des ſoupapes.

B ij

trois croifillons qui portent la douille dans laquelle fe meut la queue de la foupape, eft également d'un feul morceau de cuivre fondu, ce qui rend l'une & l'autre de ces pièces d'une folidité inébranlable.

E eft une barrette ou forte traverfe de cuivre, qui fert à fixer l'élévation de la foupape dans fon jeu.

F eft un regard ou œil de cuivre fondu à vis, que l'on ouvre en un inftant & à volonté, pour vifiter & ôter la foupape dans le cas où (malgré les précautions prifes) quelques ordures fe feroient introduites & en embarrafferoient le jeu.

G eft un renflement pratiqué à l'endroit où la foupape fait fon jeu, afin d'éviter les étranglemens d'eau qu'ont les Pompes ordinaires, dont la foupape d'afpiration eft d'un diamètre beaucoup moindre que celui du corps de Pompe, ce qui néceffite, ou des lenteurs dans le jeu de la Pompe, ou bien des forces confidérablement multipliées ; fans des nouvelles forces, l'eau étranglée par la petite ouverture ne peut pas monter dans une viteffe fuffifante à ce qu'elle agiffe immédiatement fous la bafe du pifton, avec l'impulfion que cette bafe reçoit de la colonne d'air inférieure qui preffe les eaux d'enbas : mais comme les dégrés de viteffe ne s'acquierent qu'avec des forces en même raifon, pour prévenir cet inconvénient, on a combiné le diamètre du renflement, de manière que la colonne d'eau afpirée monte dans un même volume que la continence du corps de Pompe.

Lorfque la foupape eft levée, il paffe autour de

cette foupape une quantité d'eau égale à celle qui paffe par l'ouverture que laiffe le porte-foupape de 10 pouces de diamètre : ce qui fupprime la néceffité des viteffes & des augmentations de forces, ou bien la néceffité des lenteurs.

Les lenteurs dans le jeu des Pompes ordinaires, font effentiellement recommandées & déterminées par les Sçavants qui ont écrit fur cette matière. Si l'on s'écarte de cette regle, fi l'on précipite l'action du pifton dans la vue de multiplier le nombre des vibrations dans un efpace de tems donné, l'eau monte moins abondamment que par une lenteur modérée & fouvent elle ceffe tout-à-fait de dégorger. Tel eft l'effet des étranglemens d'eau, par lefquels les agents fe trouvent prefque entierement chargés du poids de la colonne d'air fupérieure.

Les lenteurs dans le jeu des Pompes ordinaires, fagement déterminées par les Sçavans, feroient nuifibles aux nouvelles Pompes.

Avec les nouvelles Pompes fans étranglemens, on peut au contraire précipiter l'action du pifton, & en multiplier les vibrations à volonté. Chaque coup de pifton donne toute fon eau ; on peut à ce moyen obtenir un double, un triple produit avec une même Pompe, en relayant fouvent les Matelots-agents, eu égard à l'augmentation de leur fatigue par les coups précipités. Cet avantage peut être important & d'une grande reffource dans le fervice de la Marine lors des befoins urgents.

Le produit de ces Pompes peut être doublé & triplé au befoin.

Nota. On avoit précédemment placé deux foupapes d'afpiration l'une au-deffus de l'autre, pour plus de fureté contre les ordures ; mais depuis qu'on a imaginé le regard F, au moyen duquel on a la

Ce qui a déterminé à fupprimer une des deux foupapes d'afpiration qu'on avoit précédemment donnée à ces Pompes.

faculté de débarrasser de suite les ordures qui s'y feroient introduites, on a supprimé la seconde soupape comme inutile, & même comme nuisible, en ce qu'elle seroit une surcharge pour les agents.

Dans le bas de la Pompe, qui continue d'avoir 10 pouces de diamètre, pour éviter tout étranglement, est placé intérieurement une espece de crible H qui sert à arrêter le passage des grosses ordures.

Les divers morceaux qui composent la longueur de la Pompe, sont réunis & raccordés par un nouveau moyen prompt & facile.

I est une forte boîte de raccordement à vis en cuivre fondu ; elle sert à réunir avec facilité, avec sûreté, & en peu de momens, les morceaux de la Pompe qui sont de trois pièces dans sa longueur de 25 ou 26 pieds, tant pour la facilité du transport, que pour la facilité de les monter & démonter à bord des Vaisseaux.

Les parties supérieures & inférieures de la Pompe peuvent être faites en bois.

On a le choix de faire de bois ou de cuivre rouge en planche la partie supérieure de cette Pompe. Si on préfére le bois, cela se fait sur les lieux ; si on la veut en cuivre, elle peut être exécutée sur les lieux, ou être fournie par la Manufacture. En cuivre, il faut une seconde boîte de raccordement à environ 9 pieds au-dessus de la première boîte I.

Si l'on craint que l'eau de la sentine du fond de cale, presque toujours croupie, corrosive, vitriolique, chargée de sels urineux, vienne à ronger & corroder le bas de la Pompe, & son crible en cuivre ; on peut obvier à cet inconvénient en ajoutant & adaptant, au bas de la Pompe, un tuyau en bois de 3 ou 4 pieds de longueur, qui éléveroit la Pompe d'autant, & tremperoit dans la fentine ; alors, on diminue le haut de la Pompe en même raifon.

N le levier ou la brimbale portant une portion de cercle qui fert à mettre la Pompe en action.

Le dégorgement de la Pompe fe fait en S dans l'intérieur du premier pont.

Le point d'appui Q où eft l'axe du levier, s'attache folidement dans le premier pont, & de manière que dans l'action, les extrémités du levier ne vacillent pas de droite & de gauche, & puiffent parcourir librement leur chemin d'environ quatre pieds & demi.

Obfervation concernant le levier de la Pompe.

Il eft important que la longueur de la gaule ou tirant M, foit exactement donnée, conformément à ce qui fe voit dans la figure première, où le pifton eft entièrement defcendu dans fon tuyau de garde, à un pouce près de différence, afin d'éviter que le bas du pifton vienne à frapper fur la barrette E.

Obfevations concernant le tirant du Pifton.

Le bout Z du levier eft d'une longueur arbitraire ; on y attache quelques cordes, que l'on employe à rabattre, afin de donner plus d'activité au jeu de la Pompe, quoique cela foit en quelque forte fuperflu, parce que le pifton de ces Pompes étant fans cuirs, & fans frottemens fenfibles, il defcend par lui-même avec toute la puiffance de fon propre poids.

On a la faculté de retirer & de remettre le pifton en place par le haut de la Pompe, comme cela fe pratique dans les Pompes Royales actuelles des

Vaisseaux de Guerre, dont on a cherché autant qu'il a été possible à conserver les usages & la forme extérieure. Cette faculté est indépendante de celle qu'on a de démonter la Pompe par ses diverses boîtes de raccordement, comme aussi de visiter sa soupape d'aspiration, au moyen du regard F, sans rien démonter de la Pompe.

Toute la mécanique de la Pompe est à l'abri du feu de l'ennemi.

Toutes les pièces qui composent la mécanique de la Pompe, sont renfermées dans sa partie inférieure jusqu'à la hauteur de 8 à 10 pieds : elles sont par conséquent à l'abri du canon de l'ennemi, & les parties supérieures qui en seroient frappées peuvent être promptement réparées par des tuyaux de rechange, & au moyen des raccordemens à vis.

Les Matelots-agens pourront être placés dans le faux-pont, à l'abri du feu de l'ennemi.

A l'extrémité R du levier on attache dix cordes & deux ou trois cordes à son autre extrémité. Ces cordes passent par des ouvertures ou écoutilles pratiquées à cet effet, pour qu'elles descendent dans l'entre-pont où doivent être placées les Matelots-agens de la Pompe, Pour pouvoir y placer les agents, de manière qu'ils jouissent d'une hauteur suffisante à l'élévation de leurs bras dans le tirage des cordes, on baisse convenablement le plancher du faux pont dans les endroits & dans l'espace nécessaire aux agens des Pompes, lesquels, au moyen de cet arrangement, travaillent à l'abri de la Mousqueterie & même du canon de l'ennemi.

Précaution pour ôter l'eau de la Pompe à volonté.

Un peu au-dessous de chaque soupape, est une petite ouverture fermée par une vis X. En ôtant les vis, ces ouvertures servent à décharger les eaux de

la

la Pompe lorſqu'on veut la démontèr, ou bien lorſqu'on veut ouvrir le regard F pour viſiter la ſoupape d'aſpiration.

O eſt une pièce de fer, ſervant de clef, pour
monter & démonter les boîtes de raccordement à
vis : ainſi qué pour ouvrir & ſerrer convenablement
les regards à vis.

JEU DE CETTE POMPE

ET SON PRODUIT.

Dix hommes employés à l'action de cette Pompe par le tirage des cordes pour élever l'eau de 25
ou 26 pieds, parcourant quatre pieds & demi de
chemin, le piſton parcourt 27 pouces : ſon produit *Produit dé*
par chaque vibration eſt d'environ 85 livres d'eau. *cette Pompe.*
L'expérience a prouvé à Breſt, à la Manufacture
& ailleurs, que les agens donnent 38 à 40 vibrations par minute, ſur-tout lorſqu'il y a quelques
hommes appliqués à l'autre extrémité du levier
pour rabattre avec célérité ; le produit eſt d'environ
ſept barriques d'eau par minute, chaque barrique
peſant cinq cents livres, poids de marc ou poids
de Paris.

La figure premiere repréſente deux de ces Pom- *Planche deu-*
pes jumelées & diſpoſées pour agir alternativement *xieme.*
au moyen d'une petite roue ou portion de roue A. *Figure pre-*
Par les diſpoſitions données à cette portion de roue, *miere.*
chaque gaule D & E eſt forcée de deſcendre ſucceſ- *Deux de ces*
Pompes réu-
nies & jume-

C

lées pour agir alternative-ment par une portion de roue.

fivement à mesure que l'autre monte. Cette dispo-sition a été imaginée par M. de Parcieux , de l'Aca-démie Royale des Sciences de Paris , l'un des Com-missaires nommés par le Ministre pour les expérien-ces & examens de ces Pompes.

Pour faire usage de cette portion de roue, on observe, 1°. que les deux Pompes qu'elle doit faire agir , doivent être placées d'un même côté du Vais-seau, c'est-à-dire, toutes deux à tribord ou toutes deux à bas bord. 2°. Que la distance des centres de chaque Pompe ne peut être que de 3 3 à 3 4 pouces au plus, attendu l'écartement des baux, de sorte qu'on ne peut pas se servir de brimbale ou levier pour le ti-rage des cordes B C à cause que les arcs décrits seroient trop grands. 3°. Que pour remédier à cet inconvénient, on s'est déterminé à ajouter sur l'ar-

Planche se-conde.

Figure deu-xieme.

bre F figure deuxieme de la portion de roue A qui fait agir le piston, une autre roue G , d'un double diametre , par laquelle se fait le tirage des cordes.

La figure deuxieme représente la maniere dont cette machine doit être disposée à bord d'un Vaisseau.

H font les deux Pompes.

D & E les gaules ou tirant de ces Pompes.

A la portion de roue où font fixées les gaules par les cordes.

G est la grande roue sur laquelle font placées deux cordes L , qui passent à travers le premier pont ; à chacune de ces cordes, & à quelques pieds au-deſſous du premier pont, on attache dix ou douze autres cordes M, qui deſcendent dans l'entre-pont pour être tirées par les hommes-agens.

I chevalet ſur lequel eſt placé un paillier pour porter un des tourillons de l'arbre F. L'autre tourillon peut être porté par un crampon N fixé au grand mât.

La figure premiere repréſente la manière dont les cordes ſont diſpoſées ſur la gaule & ſur la portion de roue A. *Planche deuxieme. Figure premiere.*

F eſt une corde ſans fin, accrochée ſur la partie ſupérieure de la portion de roue, & dans le bas de laquelle eſt fixée la gaule par une clef G qui la traverſe.

R eſt une corde ſimple, paſſée dans une entaille pratiquée au bas de la portion de roue par une de ſes extrémités, & par l'autre, dans une pareille entaille au haut de la gaule ; ſous cette entaille eſt une longue mortaiſe, dans laquelle on place deux clefs, qui à meſure qu'elles ſont chaſſées, bandent les cordes & les tiennent toujours tendues.

Le produit de cette Machine miſe en action par dix hommes de chaque côté, eſt d'environ 14 à 15 barriques par minute.

Au reſte, ce qui vient d'être dit ſur la façon de poſer ces Pompes dans les Vaiſſeaux, n'eſt qu'une indication : c'eſt à Meſſieurs les Officiers de Marine, rompus dans ces matieres, qu'il eſt réſervé de déterminer. *C'eſt à Meſſieurs les Officiers de Marine à déterminer la façon de poſer les Pompes dans les Vaiſſeaux.*

C ij

La figure troisieme de la planche deuxieme, représente le plan géométral des quatre Pompes placées autour du grand mât.

O est le grand mât.

H sont les quatre Pompes placées dans l'archi-
pompe du Vaisseau.

POMPE DE NAVIRE MARCHAND.

La figure deuxieme de la planche premiere, représente une des Pompes appropriées pour les Navires marchands, auxquelles on donne la même
forme qu'à celles des Vaisseaux de guerre, *figure
premiere*, & par les mêmes motifs dont on a parlé
plus haut dans la note, page 13.

Son piston A est de quatre pouces un quart de
diametre, d'environ vingt-trois pouces de longueur,
& parcourt 16 à 18 pouces de chemin.

Le support en fer O du levier N peut s'ôter
& se remettre en place à volonté dans les deux
douilles de fer P, adaptées à la Pompe pour rece-
voir ce support.

Le levier N est en bois, portant la portion de
cercle de bois Q.

A cette portion de cercle, tient solidement par
des cordes, la gaule de bois M qui porte le piston.

Les cordes qui tiennent la gaule réunie à la portion de cercle, sont toujours exactement tendues,
au moyen des deux clefs ou coins de bois G,
chassés l'un sur l'autre en sens opposés, pour tenir
ces cordes dans l'état de tention qui leur convient.

Les Figures trois & quatre repréſentent les pièces détachées de ce levier.

Planche premiere.
Figures trois & quatre.

(a) eſt un crochet pratiqué dans l'épaiſſeur de la courbe A.

(b) eſt une entaille faite auſſi dans l'épaiſſeur de la même courbe, mais à la partie inférieure.

(c) eſt une rainure pratiquée dans l'épaiſſeur de la gaule.

(d) eſt une clef qui la traverſe dans l'autre ſens.

(e) deux clefs en forme de coin.

(f) entaille faite dans la même gaule d'une largeur égale à l'épaiſſeur de la corde.

La corde ſans fin F, s'accroche au crochet (a) par ſon extrémité (g), & l'on paſſe dans l'autre extrémité (h) la gaule juſqu'à ce qu'elle ſoit arrêtée par la clef (d). On paſſe enſuite l'extrémité (i) de la corde ſimple (R) où il y a un nœud dans l'entaille (f) de la gaule au-deſſus des deux clefs (e) & l'autre bout dans l'entaille (b) de la courbe, enſorte que cette corde ſimple ſoit logée dans la rainure de la gaule.

Par ce moyen, en chaſſant les deux clefs (e), on voit que les cordes ſont tendues & la courbe forcée à toucher immédiatement la gaule, comme s'ils ne faiſoient qu'une ſeule & même pièce.

Lorſque le levier eſt mis en action, la gaule M eſt forcée de monter & deſcendre le long de la portion de cercle Q, contre laquelle elle forme des points d'appui ſucceſſifs, ſans y opérer aucune eſpece de frottement.

Planche premiere.
Figure troisieme.

La longueur du levier depuis son point d'appui O jusqu'en R où l'homme le met en action directement avec les mains, ou par un tirage de cordes, est d'environ 4 pieds, & l'autre partie du levier du côté du piston est d'environ 18 pouces. Il est essentiel de garder cette dimension, par laquelle l'homme-agent a la puissance facile & convenable pour l'élévation de l'eau à 15 ou 16 pieds, en faisant parcourir 16 à 18 pouces de chemin au piston.

La longueur du levier des Pompes, ne doit jamais être abandonnée à l'option des hommes-agens.

Il faut bien se garder de laisser aux hommes-agens la liberté d'allonger cette partie du levier, c'est ce qu'ils feroient avec empressement, parce qu'à ce moyen, ils travailleroient avec beaucoup plus de facilité en ne parcourant que le même chemin, sans s'embarrasser de ce que la levée du piston devenant moindre, le produit diminueroit en même raison. Ces sortes de gens sont constamment dans l'usage de se plaindre d'un excès de fatigue lors même du travail le plus modéré.

C'est aussi par cette différence de longueur de levier, prise arbitrairement, que se font souvent des expériences erronées, par des gens qui connoissent peu ou qui n'examinent pas suffisamment ces matieres.

Planche premiere.
Figure premiere.

D est la soupape d'aspiration, surmontée de sa barrette E qui fixe l'élévation convenable à son jeu.

F est l'œil ou regard pour visiter la soupape à volonté.

X sont deux petites ouvertures de décharge, placées un peu au-dessus de chaque soupape, fermées par des vis que l'on ôte lorfqu'on veut faire écouler les eaux de la Pompe.

H eft un tuyau percé d'une infinité de petits trous pour empêcher l'introduction des groffes or‑ dures.

Ces Pompes s'envoyent en deux pièces chacune, d'environ 8 pieds, que l'on réunit fur les lieux au‑ moyen de la boîte de raccordement à vis I.

Comme leur forme extérieure eft à peu près la même que celles dont on fe fert actuellement fur ces Navires, on ne donne aucun document fur la ma‑ nière fimple de les mettre en place, qui eft parfaite‑ ment connue de tous les marins. *La maniere de pofer les Pompes de mer eft connue de tous les Ma‑ rins.*

On fait auffi pour la Marine, comme pour toute autre efpece d'épuifemens, des Pompes de différens calibres & de différens produits, de la même compo‑ fition & du même jeu.

Celles de huit pouces & demi de diamètre qui peuvent fervir aux frégates &c. & dont les piftons font préparés pour parcourir 27 pouces de chemin, donnent à peu près un tiers moins d'eau que celles de 10 pouces, c'eft-à-dire, environ quatre barriques deux tiers par minute, & le nombre des hommes néceffaires à leur action diminue en raifon de la moin‑ dre élévation où l'eau doit être portée, & en raifon de ce que la colonne de huit pouces & demi péfe environ un tiers moins que celle de dix pouces. *Autres Pom‑ pes de 8 pouces & demi & de fix pouces de diamètre. Leurs produits.*

On en fait également de fix pouces de diamètre, leur pifton étant approprié pour parcourir dix-huit pouces ; fi l'élévation de l'eau eft de quinze ou feize pieds , il faut deux hommes qui donnent quatre-vingt-dix ou cent barriques par heure, c'eſt-à-dire, environ 800 liv. d'eau par minute. On augmente le nombre des hommes en raiſon des plus grandes élévations où l'eau doit dégorger.

Dans la premiere compoſition de l'invention de ces Pompes, on avoit ajouté à leur conſtruction un nouveau moyen, par lequel les hommes placés ſur des pédales employoient à les faire agir la péſanteur entiere de leur corps, réunie à la plus grande force de leur bras : ce qui leur donnoit une puiſſance très-ſupérieure. Mais l'expérience & les conſeils d'habiles connoiſſeurs ayant fait ſentir combien l'eſpece des hommes qu'on emploie à faire agir les Pompes de tous genres, & qu'il faut relayer ſouvent, s'accoutumeroient difficilement à un travail fait par les pieds, on s'eſt déterminé à ceſſer l'uſage de ce moyen quelqu'avantageux qu'il ſoit, pour employer les leviers ordinaires ; dans ce changement, on s'eſt ménagé la maniere de faire agir les hommes dans la forme la plus utile.

Il eſt connu qu'un homme qui éleve un fardeau avec ſes bras, & qui fait effort par la ſeule contraction de ſes muſcles, ne peut opérer qu'une force d'environ 25 livres pour un travail un peu ſoutenu. Tel eſt, par exemple, eu égard à l'action des Pompes, le cas où l'homme meut un balancier ſuſpendu verticalement à ſon axe avec un retour d'équerre qui porte le piſton. Cet homme faiſant mouvoir horiſontalement ce balancier avec ſes bras, n'emploie

ploie que la puissance de ses muscles & n'opere qu'environ vingt-cinq livres de force avec une vitesse
de 20 pouces par seconde.

Mais il n'est pas moins connu que l'homme peut être employé dans des positions où il agisse avec une partie de la pesanteur de son corps, même avec sa pesanteur entiere, sans égard à la contraction de ses muscles. Telles sont, par exemple, les positions d'un homme qui, élevant les bras, tire la corde d'une cloche, la corde attachée à un levier, la son-nette d'une machine à pilotis, ou qui les mains ap-puyées sur l'extrémité d'un balancier, tels que ceux des Pompes à incendies, laisse porter en se courbant, la partie supérieure de son corps sur ces cordes, sur ce balancier : alors l'homme agit avec au moins moitié de son poids, c'est-à-dire, avec environ soixante-dix livres de puissance, terme moyen de sa pesanteur entière, évaluée à 140 livres : c'est cette derniere position qu'on a donnée à l'action des hommes-agens des Pompes sans cuirs dans tous leurs usages. On ajoute à cette puissance primitive de soixante-dix livres la différence des bras de levier convenable aux besoins. Donnant, par exemple, au levier de la Pompe des Navires Marchands, repré-sentée par la figure deuxieme &c, deux (ou même trois longueurs pour plus d'aisance) à la partie de ce levier que l'homme baisse ; cet homme agit alors avec 180 liv. de puissance, bien plus que suffisante pour soulever la colonne d'eau de quatre pouces un quart, & de 15 à 16 pieds de hauteur, qui ne pése

Choix sur la maniere d'ap-pliquer l'action des hommes-agens.

D

que 106 livres. A l'égard des viteſſes dans cette poſition, elles participent à la progreſſion accélérée de la chute des corps. Les Matelots qui font agir dans cette forme les Pompes des Vaiſſeaux de guerre, font baiſſer communément de plus de cinq pieds le bout du levier à chaque vibration, ce qui ſe fait en moins d'une ſeconde, puiſqu'ils donnent trente-huit à quarante coups de piſton par minute : enſorte que, relativement au chemin parcouru dans les relevées du piſton, la viteſſe naturelle des hommes-agens dans cette poſition, eſt d'environ ſix pieds par ſeconde.

OBSERVATIONS.

Les nouvelles Pompes pour la Marine, ainſi que celles dont on donnera ci-après des deſcriptions pour le ſervice des incendies & pour tous autres uſages, agiſſent par les mêmes principes, & ont toutes les mêmes propriétés & avantages.

1°. Toutes les pièces des nouvelles Pompes à quelqu'uſage que ce ſoit, qui ſont annoncées être de cuivre fondu, ſont entiérement de cuivre pur, ſans aucune eſpéce de mélange.

2°. Ces Pompes n'ont pas beſoin d'être amorcées, comme les Pompes ordinaires, c'eſt-à-dire, qu'il n'eſt nullement néceſſaire d'employer un tems ſouvent précieux à jetter dans l'intérieur de la Pompe, une quantité de ſeaux d'eau pour les abreuver, & pouvoir les mettre en action.

3°. Comme elles font fans étranglement, fans garniture de cuirs, & qu'elles agiffent fans frotte-ment fenfible de pifton; il eft évident que leur mo-teur eft uniquement chargé de vaincre la réfiftance du poids de la colonne d'eau à foulever: ce qui eft la plus grande perfection poffible.

Pourquoi ces Pompes fem-blent avoir ac-quifes la plus grande perfec-tion.

En effet, une colonne d'eau, ou autre fardeau quelconque, ne peut être foulevé que par une puiffance un peu plus qu'égale à ce fardeau. Si on cherche à gagner des forces au moyen des arran-gemens de levier, d'engrénages, de manivelles, on perd infailliblement des tems en même raifon ; le gain des forces eft fans fruit, parce que le tems eft auffi précieux que les forces: c'eft une loi immua-ble de la nature. Annoncer le contraire, comme cela arrive affez fouvent, c'eft afficher l'ignorance ou la charlatannerie. L'attention de l'habile Méca-nicien, qui compofe d'après les principes certains de mécanique. eft de fimplifier les Machines, de les rendre folides, & fur-tout de prévenir autant qu'il eft en fon pouvoir, les grandes réfiftances qui naif-fent des frottemens. Or, ces conditions (& ef-fentiellement la derniere) étant exactement rem-plies dans la compofition des nouvelles Pompes, on eft autorifé à dire que ce genre de Machine a at-teint la plus grande perfection poffible.

4°. L'avantage de ces Pompes le plus marqué, & qui fe conçoit le plus difficilement, eft celui de leur pifton fans cuirs, fans frottement dans leur action, & fans qu'il puiffe s'ufer & fe détériorer: on va dé-

D ij

velopper la réalité de cet avantage, prouvé par l'expérience & par les faits.

On a vu par les descriptions des Pompes des
Vaisseaux que leur piston agit invariablement maintenu dans la direction du corps de Pompe ou tuyau
de garde qui l'embrasse.

L'une & l'autre de ces pièces sont du plus parfait
poli, & exécutées avec une précision qui leur est
donnée par le travail de certaines Machines inventées à cet effet : précision nécessaire dans toute leur
longueur, par laquelle on prévient tout balottement,
& à laquelle il seroit impossible d'atteindre par tous
les moyens connus.

On prouve que les pistons de ces Pompes & leur corps de Pompe, ne s'u-sent point, & ne peuvent être détériorés ni par des grains de sable, ni par des ordures.

5°. L'interstice entre le piston & son tuyau de
garde ne peut pas s'évaluer, il est si imperceptible
qu'à peine s'échappe-t-il quelques goutes d'eau, lors
des plus grands efforts du refoulement ; c'est ce qui
peut se voir commodément, sur-tout dans le jeu des
Pompes à incendie, où le piston & son tuyau de
garde sont totalement à découvert. La lame d'eau
imperceptible, qui existe toujours nécessairement
entre les parois du piston & de son tuyau de garde,
empêche invinciblement ces pièces de se toucher,
les petits globules de cette lame d'eau qui les sépa-
rent, & qui se renouvellent à chaque instant de la
montée & de la descente du piston, font un préservatif contre tout frottement : ces globules font ici
l'office des cuirs dont sont garnis les pistons des
Pompes ordinaires ; mais les cuirs frottent, se renflent, se dérangent, il faut les remplacer : au lieu

que les globules d'eau roulent, ne frottent point,
& se remplacent sans cesse par eux-mêmes.

Mais, dira-t-on, tout s'use dans la nature: on en
convient, eu égard aux métaux, aux corps solides,
qui mis en mouvement, appuyent, frottent contre
un autre corps solide; mais cette assertion générale
n'est pas applicable au cas dont il s'agit. Les petits
globules d'eau imperceptibles, qui forment un interstice perpétuel entre le piston & le tuyau de garde, font un obstacle invincible à leur contact. Tant
qu'il y aura de l'eau dans la Pompe, ces pièces ne
peuvent pas se toucher, par conséquent se frotter
ni s'user: donc le piston & le tuyau de garde de ces
Pompes sont d'une durée qui est en quelque sorte
inaltérable. Ces pièces n'ont à craindre que la grande vétusté, qui par successions de tems, divise, dé-
range les modifications de la matière.

6°. Il est en outre un autre préservatif aussi puis-
sant; l'eau porte avec soi une sorte de graisse, une
onctuosité, qui dans le travail s'attache bientôt aux
parois du piston & de son tuyau de garde. Cette
onctuosité remplit tous les pores du cuivre, & forme au bout de quelque tems un verni sans épais-
seur, qui change la couleur du cuivre en une couleur bronzée; que si on enléve une partie de cette
onctuosité, en la grattant fortement avec l'ongle,
le cuivre se découvre avec tout son poli, comme si
la pièce sortoit des mains de l'ouvrier. C'est ce qui
a été cent & cent fois éprouvé, & c'est ce qui prouve
bien solidement qu'il n'y a ni frottement ni usure.

Mais, dira-t-on, peut-être, lorfqu'un Navire eft penché, qu'il eft à la bande, la perpendiculaire ceffe; une partie plus ou moins forte du poids du pifton porte fur le tuyau de garde, ils doivent par conféquent fe frotter & s'ufer: on foutient affirmativement la négative, & l'expérience l'a conftamment prouvé; tant qu'il y aura de l'eau dans l'interftice des deux pièces, elles ne fe toucheront pas, elles ne s'uferont pas. Or, il eft impoffible que cet interftice refte fans eau, puifque le pifton s'en imbibe fans ceffe en montant & en defcendant, & qu'il eft impoffible que cette eau foit fechée & atténuée dans le paffage d'un inftant qu'il fait dans fon tuyau de garde. En pefant fur ce tuyau, leur attouchement n'eft pas moins garanti par les globules d'eau intermédiaires, comme par le verni en onctuofité.

7°. L'introduction des fables & des ordures n'eft pas plus à redouter que l'ufure par les frottemens. On fuppofe qu'un ou plufieurs grains de fable foient affez menus pour s'introduire dans l'interftice imperceptible du pifton & de fon tuyau de garde; il eft évident que ces grains de fable pafferont & en fortiront comme ils y feront entrés, par la grande précifion & jufteffe qui régnent également d'un bout à l'autre de ces deux pièces. Pour admettre que ces grains de fable puiffent féjourner dans l'interftice, il faudroit fuppofer des inégalités de jufteffe & de groffeur au pifton ou au tuyau de garde, qui arrêtaffent ces grains de fable dans l'interftice: or, ces inégalités n'exiftent pas, & ne peuvent pas

exifter, eu égard à la nature des Machines particulieres avec lefquelles ces pièces font exécutées ; mais
en fuppofant encore que ces grains de fable puiffent
entrer & féjourner dans l'interftice, il faut du moins
convenir que ces grains de fable ne pourroient pas
être plus gros que la plus petite pointe de la plus fine
aiguille, encore auroit-on bien de la peine à y introduire cette fine pointe. Qu'arriveroit-t-il alors?
il s'y feroit des rayes de cette fineffe, dans la longueur du tuyau de garde ou du pifton. Le pifton
ne pouvant tourner fur lui-même, en ce qu'il eft
affujetti à ne fe mouvoir que dans une feule direction, ces grains de fable ne pourront opérer d'autre détérioration que les premieres rayes qu'ils au-
ront formées, dans lefquelles ils repafferont fans
ceffe. Quelle fera alors la perte d'eau par ces rayes
comme la petite pointe d'une fine aiguille? cette
perte peut bien être comptée pour rien.

8°. En pouffant plus loin la fpéculation, on ad-
met que ces petits grains de fable puiffent être mul-
tipliés au point de gêner l'action de la Pompe: fur
le champ, au moyen des raccordemens à vis, on
met à découvert le tuyau de garde & le pifton, on
les effuye avec la main ou avec un linge, le raccordement à vis eft de fuite remonté & la Pompe remife
en action comme neuve.

9°. Dans les defcriptions données on a vu que les
foupapes ont la même folidité inébranlable que les
tuyaux de garde & les piftons.

10°. Les foupapes s'élevent & retombent fans

ceſſe ſur la pièce à bizot qui les porte par des ſimples points d'appui ſans aucun frottement. La
queue qui les guide dans ſa douille, a le même in-
terſtice de globules d'eau que le piſton dans ſon
tuyau de garde.

Toutefois le cas arrivant que l'eau ceſsât tout-à-
coup de monter ; ſi le piſton réſiſte, s'il a de la dif-
ficulté d'agir, on emploie ſur le champ le moyen
qui vient d'être indiqué dans l'obſervation huitieme.

Si au contraire, le piſton continue de ſe mouvoir
librement, cet événement peut provenir de deux
différentes cauſes ; l'une, parce que la boîte à vis de
raccordement ou bien le regard placé à côté de la
Pompe d'aſpiration, ſe ſeroient l'un ou l'autre relâ-
chés, & prendroient l'air, ce qui ſe connoît avec facilité, ſoit par une petite quantité d'eau qui ſe perd
alors par ces pièces, ſoit par une ſorte de ſifflement
que l'air y opère ; de ſuite, il faut reſſerrer ces pièces à vis, & même uſer à ce ſujet des précautions
dont il ſera parlé dans l'obſervation ſuivante.

La deuxieme cauſe peut provenir d'une ſoupape
embarraſſée par des ordures ou par une craſſe graſſe
& glutineuſe, attachée à ſa queue, qui pourroit
l'empêcher de redeſcendre dans ſa douille ; alors
quelques petits coups donnés avec un morceau de
fer ou de bois, près de l'emplacement de la ſoupape,
peut la faire deſcendre ſur le champ, lui faire re-
prendre ſon jeu ; ſinon , on deviſſe & l'on ouvre
l'œil ou regard placé à côté de la ſoupape ; on la
retire ; on la nettoie, ainſi que ſa douille ; on la
remet

remet en place, on referme le regard, & la Pompe reprend fon jeu naturel.

Si néanmoins il étoit arrivé qu'une foupape ou fon porte-foupape euffent été meurtris par un gra- vier ou autre petit corps dur qui fe feroit mis entre deux, & qu'elle perdît beaucoup d'eau, alors on fe fert de la clef de fer **Z** pour embraffer le quarré du haut de la foupape; on la rode avec un peu de cendre bien fine & paffée au tamis, en tournant la queue de la clef de droite & de gauche. De tems à autre on releve la clef pour embraffer fucceffivement le quarré de la foupape dans tous les fens, après l'avoir retourné avec la main, & en quelques minutes la foupape fe trouve bien rodée, la meurtriffure eft réparée, la foupape ne perd plus d'eau.

Précaution pour pouvoir, au befoin, roder les foupapes fans déplacement.

11°. Si malgré toute la jufteffe des deux pièces qui compofent le regard, & la jufteffe des boîtes de raccordement à vis, par-tout où elles font employées, l'air venoit à y pénétrer, on ajufte une petite rondelle ou de feutre ou de cuir, ou d'étoffe de laine dans la petite rainure pratiquée à la pièce qui fert de calotte: on enduit cette rondelle avec du fuif; la calotte en fe viffant, comprime la rondelle, & affure d'autant plus l'exacte fermeture.

Précaution indiquée, eu égard aux groffes boîtes à vis de raccordement, & aux autres boîtes à vis de même genre.

12°. Les nouvelles Pompes à tous ufages ne demandent aucun autre foin & précaution, finon dans le repos; lorfqu'on ceffe de les faire travailler pendant quelque tems, il convient de les laver & nettoyer, pour en ôter les ordures qui pourroient s'être introduites, avoir croupi & féjourné près des fou-

Facile précaution contre le verd-de-gris.

E

papes ou près du tuyau de garde ; il faut enfuite les effuyer intérieurement & extérieurement pour prévenir les taches de verd-de-gris, qui ne s'engendre pas fur le cuivre fans humidité, ni fur celui qui eft entièrement baigné d'eau, mais feulement fur celui qui eft mis à l'air fans être bien féché.

13°. Lorfqu'on veut enfuite de nouveau faire travailler la Pompe, il ne peut qu'être utile d'enduire légérement le pifton d'huile ou de fuif, afin de faciliter fon introduction dans le tuyau de garde. Tels font les foins uniques que ces Pompes exigent. On ne parle point ici de la brimbale, de fon axe, de la gaule, ce font des pièces étrangères à la compofition mécanique & phyfique de la Pompe : chacun peut faire donner à ces pièces une folidité arbitraire & les faire réparer au befoin par les ouvriers les plus communs.

Toutes les pièces qui compofent la mécanique de ces Pompes, font inaltérables, & ne font point fujettes au changement journalier des Pompes actuelles.

De ce qui vient d'être dit, & des defcriptions données des nouvelles Pompes de la Marine, il eft prouvé, & il réfulte clairement que toutes les pièces qui compofent leur mécanique font inaltérables. Que ces Pompes étant fans cuirs, ne peuvent jamais avoir befoin de ce genre de changement fi fréquent dans le fervice des Pompes de mer actuelles: non plus que des changemens de pifton, de corps de Pompes & de foupape, qui rendent ce fervice embarraffant, incertain & dangéreux.

L'ufage de ces Pompes eft économique pour la Marine

L'attirail préparé pour ces changemens occupe un efpace dans le Navire qui feroit plus utilement employé en marchandifes. Il n'eft aucune de ces

Pompes qui ne coûte par an 50 à 60 livres d'en-tretien à l'Armateur. Il est vrai que la grande diffé-rence du prix des nouvelles Pompes, comparé au prix des Pompes de bois actuelles, est frappante ; mais il n'est pas moins certain que leur acquisition & leur usage est très-économique indépendamment de leurs autres avantages. Marchande, indépendam-ment de leurs autres avanta-ges.

On observe 1°. que du côté de la perfection du travail & du prix de la matière, point de compa-raison à faire. Le bois n'a aucune valeur intrinsé-que, & le cuivre conserve toujours une valeur réelle.

2°. Que si de la considération de la matiere & du travail on passe à celle de la durée, quelle pro-portion entre le service des unes, qui n'est que de deux ou trois ans au plus par un entretien de 50 à 60 liv. chaque année, & le service des autres, qui, de l'aveu de tous les gens de l'art, doit excéder 30, 40, 60, & peut-être 100 années sans aucun frais d'entretien. La différence qui en résulte est telle que, quand celles de bois coûteroient dix fois moins d'achapt que celles de cuivre, il est clair qu'il y au-roit encore un très-grand bénéfice à préférer le ser-vice des dernières.

Que si, à ces considérations sur l'économie, on ajoute celle d'une toute autre conséquence qui inté-resse l'Etat & le public dans la conservation de la vie précieuse des Matelots, des marchandises & du sa-lut des Navires, qui souvent n'échouent ou ne pé-rissent que par le défaut des Pompes qui cessent d'agir, ou parce que la fatigue excessive que leur

E ij

8°. *Qu'il faut, pour les mettre en action, les amorcer, employer un tems souvent précieux à verser dans l'intérieur une multitude de seaux d'eau.* pag. 6. 26.

9°. *Qu'elles sont sujettes à s'engorger journellement par des sables, par des ordures.* pag. 4. 6.

10°. *Qu'enfin leur service, par la nécessité des rechanges & par ses engorgemens, n'est jamais assuré : ce que l'expérience n'a que trop souvent réalisé au détriment de l'humanité, des Vaisseaux & de leur cargaison.* page 4.

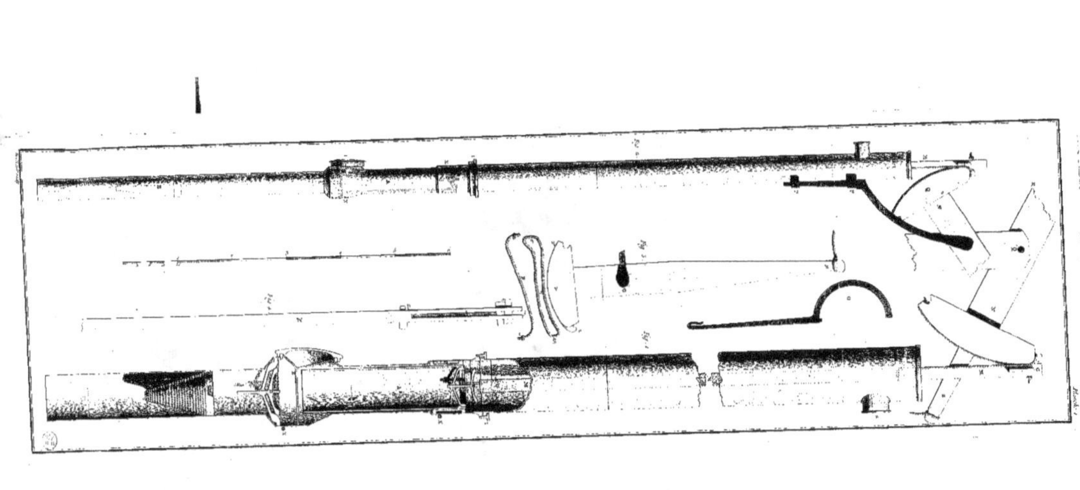

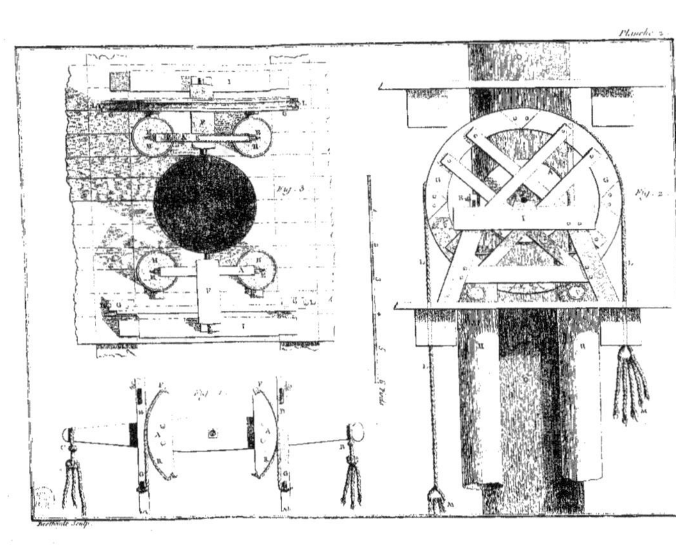

Planche 2
Fig. 1
Fig. 2
Fig. 3

POMPES
A INCENDIES,

QUI servent aussi pour les Arrosemens, les Épuise-mens, donner de l'eau dans l'intérieur des maisons à leurs divers étages, &c.

LA planche troisième représente en perspec-tive, une de ces Pompes dont on va donner la description. *Planche troi-sième.*

Et la figure deuxième de la planche quatrième représente également en perspective, un haquet sur lequel on place la Pompe pour la transporter com-modément où le besoin le requiert. *Planche qua-trième. Figure deu-xième.*

La figure première de la planche quatrième re-présente une Pompe double de six pouces de dia-mètre. Sa forme extérieure est à peu près la même que celle que l'on donne aux Pompes à incendie ordinaires; mais sa mécanique & sa forme inté-rieure sont de la nouvelle composition. *Planche qua-trième. Figure pre-mière.*

Ses pistons A, ont environ quatorze pouces de longueur. A chaque vibration ils parcourent neuf à dix pouces dans leur corps de Pompe ou tuyaux de garde B, par lesquels les pistons sont exactement embrassés, sans aucune garniture de cuirs.

C, levier de la Pompe.

D, emplacement des soupapes d'aspiration, les- *Comment on visite les soupapes.*

quelles peuvent être visitées & retirées en levant les pistons hors de leurs tuyaux de garde, dans l'intérieur desquels ces soupapes peuvent passer. On peut aussi les roder de nouveau au besoin, en se servant de la clef de fer E, qui passée dans un des tuyaux de garde, embrasse le quarré du haut de la soupape. Voyez l'Observation 10°. pag. 31. 32 & 33.

F, emplacement des soupapes de refoulement avec leurs regards à vis, pour avoir la faculté de les visiter, &c.

G, traverses ou barettes de cuivre, qui servent à fixer l'élévation des soupapes de refoulement dans leur jeu.

H, tuyau par lequel l'aspiration est communiquée aux deux corps de Pompes.

I, tuyau de la sortie de l'eau pour le refoulement, lequel tuyau est renfermé dans l'intérieur du tuyau aspirant.

L, tuyau de cuir, portant la boîte de raccordement en cuivre, qui se visse au tuyau de sortie, & auquel s'adapte l'ajutoir dans une longueur arbitraire, au moyen d'un nombre de boîtes à vis qui réunissent les tuyaux de cuir de distance en distance de 25 à 30 pieds.

M, est une calotte de cuivre fondu, qui se visse au bout de l'ajutoir, pour donner l'orifice convenable au jet.

N, boîte à vis en cuivre fondu, servant à adapter à la Pompe son tuyau aspirant.

O, clef en fer pour serrer les boîtes & regards.

La

La figure troifième, planche cinquième eft un tuyau afpirant de cuivre rouge; il eft réuni de trois en trois pieds par des boîtes de raccordemens à vis en cuivre fondu A B C, lefquelles fermant exactement & faifant l'effet de genouillères, donnent à ce tuyau dans fa longueur les différentes inflexions qu'on defire, foit pour afpirer dans un lieu plus élevé que la Pompe, tel que feroit un cuvier ou tonneau; foit dans un lieu moins élevé, tel que feroit un baffin ou canal; foit dans une ligne verticale, pour tirer l'eau d'un puits; foit enfin dans une direction horizontale, tel qu'un batardeau formé à la hâte dans une rue.

A l'extrémité du tuyau afpirant eft une efpece de globe de cuivre D, percé d'une infinité de petits trous comme un crible, pour empêcher le paffage des groffes ordures, & pour prévenir que ce crible ne vienne à s'enfouir dans des vafes, dans des fables, ce qui peut arriver dans les cas de batardeau, faits précipitamment dans les rues. Il eft très-à-propos de fe fervir d'un panier d'ofier ou mannequin dans lequel on fait entrer le crible, avec un morceau de bois en travers pour foutenir & empêcher que, par fon poids, il ne s'enterre dans la vafe.

Le tuyau afpirant fe fait auffi en cuirs, garni intérieurement de fortes virolles de cuivre, pour foutenir l'effort de l'air extérieur lors de l'afpiration, comme on le voit planche cinquième, figure première & deuxième; mais comme les cuirs ont nécef-

F

fairement l'inconvénient de fe pourrir dans l'eau, de fe deffécher, de fe crevaffer à l'air, & d'exiger beaucoup de foin & de frais d'entretien, on a cru devoir y fubftituer le tuyau en cuivre d'un fervice fûr & d'une durée fans fin.

Elle fe charge d'eau par elle-même. On voit que cette Pompe fe charge elle-même d'eau par le tuyau d'afpiration, ce qui épargne encore la multitude des hommes qui font employés à porter, à vuider fans relâche des feaux d'eau pour nourrir les Pompes ordinaires.

On fournit avec chacune de ces Pompes, ainfi qu'avec celles dont il fera parlé plus bas, & en raifon de leur différent diamètre, une calotte de rechange en cuivre fondu qui fe viffe au bout de l'ajutoir : les orifices des deux calottes fournies font de différentes grandeurs. Lors du travail des Pompes, il eft effentiel de faire choix de l'orifice convenable pour le plus ou moins d'élévation d'eau momentanée : on verra plus bas, pages 49 & 50, les motifs pour lefquels ce choix mérite attention.

Elle eft folidement montée fur fon chaffis de bois.

Produit de la Pompe double de 6 pouces, & l'élévation du jet. Cette Pompe étant fervie rondement, le produit eft d'environ huit cents livres d'eau par minute, à l'élévation de foixante-dix pieds ou quatre-vingts pieds ; on applique fix hommes à chaque extrémité de fon levier, qui peut s'allonger & fe raccourcir pour procurer plus ou moins de puiffance aux agens.

Pour la facilité du tranfport de ces Pompes de

fix pouces, auffi bien que de celles de quatre pouces doubles dont il fera parlé ci-après, on les entrepofe, jufqu'à leur deftination, fur un petit haquet à deux roues, repréfenté par la figure deuxième, planche quatrième. Ce haquet eft tiré par quelques hommes: l'acquéreur le fait faire fur les lieux, ou bien il eft fourni par la Manufacture.

Une des propriétés effentielles qu'on s'eft attaché de donner aux nouvelles Pompes à incendie, eft la faculté qu'ont leur jet d'être parfaitement foutenu, & de porter en entier leur eau à fa deftination, au moyen des refervoirs d'air combinés à cet effet; au lieu que le jet de prefque toutes les Pompes connues ne fe fait que par éjaculation, deforte qu'une grande partie de l'eau retombe fans parvenir à l'endroit incendié. *Le jet de ces Pompes eft parfaitement foutenu.*

Un autre avantage de l'ufage des nouvelles Pompes à incendie, eft une économie confidérable. Elles coûtent moins ou au plus le même prix que les anciennes de même diamètre; mais leur durée refpective ne peut être mife en comparaifon, & d'ailleurs les anciennes font fujettes à des réparations fréquentes, à des foins attentifs fur les cuirs & à des frais d'entretien journaliers, dont les nouvelles ne peuvent même pas être foupçonnées. *Economie par l'ufage de ces Pompes.*

On fait dans la même forme & même mécanique des doubles Pompes de quatre pouces un quart de diamètre, leurs piftons parcourent huit à neuf pouces, elles donnent à la hauteur de foixante à foixante-dix pieds, environ trois cents vingt livres d'eau par minute, elles emploient trois à quatre hom- *Autre double Pompe de quatre pouces un quart, fon produit & élévation de fon jet.*

mes à chaque extrémité du levier. Les poſitions des ſoupapes, regards, boîtes de raccordemens & autres pièces ſont exactement les mêmes qu'à celles de ſix pouces.

Planche cinquième.
Figure première.

La figure première repréſente une Pompe ſimple de quatre pouces un quart de diamètre. La poſition du piſton & des ſoupapes étant la même que celle d'un des corps de Pompe de celle de 6 pouces, on renvoye à la deſcription de celles-ci, planche quatrième, figure première.

Pompes ſimples de quatre pouces un quart de diamètre.

Facilité pour leur tranſport.

Cette Pompe eſt ſolidement montée ſur un chaſſis de bois M, ayant une petite roue à une de ſes extrémités, & à l'autre deux poignées, deſorte qu'un homme la mene par-tout comme une brouette avec la plus grande facilité.

Figure deuxième.
Planche cinquième.

La figure deuxième repréſente le plan géométral de cette Pompe ſimple de quatre pouces un quart.

Produit de cette Pompe & élévation de ſon jet.

Le produit de cette Pompe miſe en action par 3 hommes, eſt d'environ cent ſoixante livres d'eau, portée à l'élévation de ſoixante pieds par un jet parfaitement ſoutenu.

Divers ſervices de ces Pompes indépendamment de celui des incendies.

On ajoute à volonté une longueur de boyaux de cuirs raccordés par des boîtes à vis en cuivre fondu, pour porter l'eau à de plus grands éloignemens, comme pour l'arroſement des jardins, des potagers, des prairies, &c.

Elles peuvent fournir de l'eau dans l'intérieur des maiſons à leurs divers étages.

On peut les employer également à porter l'eau dans l'intérieur des maiſons à leurs divers étages pour les beſoins de propretés & autres. Lorſqu'on les fait ſervir à des arroſemens, on viſſe au bout de l'ajutoir une calotte percée de petits trous, & qui tient lieu d'un arrofoir ; les arrofemens fe faifant dans une direction prefqu'horizontale, un feul homme fuffit pour faire agir la Pompe.

Comme elle eft très-légere, on l'enleve avec facilité dans les hunes d'un Vaiffeau pour arrofer les voiles ; ou bien fans l'élever dans les hunes, on remplit le même objet au moyen d'un allongement de tuyau refoulant. Elles fervent utilement à l'arrofement des voiles des Vaiffeaux.

On fait de plus petites Pompes de même genre & de même ufage que la précédente, qui n'ont que trois pouces de diamètre: il n'y a de différence entr'elles que les produits. Celui de la Pompe de trois pouces n'eft que moitié de celui de la Pompe de quatre pouces un quart, & les forces qu'elle exige font en même raifon. Son produit eft d'environ quatre-vingts livres d'eau par minute, c'eft-à-dire, plus de neuf barriques par heure. Elle fe conduit auffi par-tout comme une brouette. Autre petite Pompe de même genre, différence de fon produit.

Ces deux dernières petites Pompes, particulièrement celles de quatre pouces un quart, fourniffent une multitude d'agrémens & de reffources à la campagne comme dans les Villes : c'eft un meuble de maifon prefqu'inaltérable & fans frais d'entretien. Outre la commodité des arrofemens, &c. un commencement de feu pris dans un appartement eft bientôt fecouru & éteint par ces Pompes portatives. Leurs agrémens & leurs reffources dans les maifons des Villes & des campagnes.

Avec ce préfervatif, on fauve un grand embrafement, des effets, des papiers précieux. Mais combien rarement fe détermine-t-on à des précautions fur l'avenir ? On écarte les idées finiftres fur les objets, qui, fe montrant dans le lointain, ne font que peu d'impreffion, & l'on n'eft ordinairement affecté des défaftres accidentels, que lorfqu'ils font furvenus & irréparables. Sans ce foible de l'humanité, quel Citoyen un peu opulent n'auroit pas fa maifon pourvue d'un tel préfervatif ? y auroit-il une feule Ville en Europe qui ne fût pas précautionnée ou qui ne fe précautionna pas contre l'événement des incendies, au moyen d'un nombre de fortes Pompes, qui, par leur conftruction, font inaltérables, & qui n'exigent ni embarras ni frais ultérieurs ? La dépenfe de cette acquifition faite (peut-être pour un fiècle) ne fouffre aucune comparaifon avec les avantages qui doivent en réfulter.

AUTRE POMPE

A INCENDIE,

SUR UN CHARRIOT A QUATRE ROUES.

CETTE Pompe eft compofée d'après les mêmes principes & la même mécanique que
les précédentes ; mais elle eft montée & mife en
action dans une forme tout-à-fait différente & in-
connue. Un cheval ou des hommes la conduifent
par-tout. On rendra compte des motifs & des avantages qui réfultent de cette nouvelle forme, après en
avoir donné la defcription.

*Planche fi-
xième.*

Le diamètre de cette double Pompe eft de fix
pouces.

Defcription
de cette Pom-
pe.

A, font les piftons de cuivre fondu, qui ont envi
ron 24 pouces de longueur.

B, font les tuyaux de garde, ou corps de Pompe,
auffi de cuivre fondu, & de fix pouces de diamètre
intérieur.

C, font les foupapes d'afpiration.

D, font les foupapes de refoulement.

E, font les regards à vis, pour vifiter les foupapes d'afpiration & de refoulement. Voyez l'ufage de
ces regards dans l'Obfervation 10me. pag. 32 & 33.

F, traverfes ou barrettes de cuivre au-deffus des

foupapes, pour en fixer l'élévation dans leur jeu.

G, tuyau par lequel l'afpiration eft communiquée aux deux Pompes.

H, tuyau de la fortie de l'eau pour le refoulement, lequel eft renfermé dans l'intérieur du tuyau afpirant G.

I, tuyau de cuir portant fa boîte de raccordement en cuivre, qui fe viffe au tuyau de fortie, & auquel tuyau s'adapte l'ajutoir dans une longueur arbitraire, au moyen d'un nombre de boîtes à vis, qui réunif-fent le tuyau de cuir refoulant à chaque diftance de 25 à 30 pieds.

L, eft une calotte de cuivre fondu qui fe viffe au bout de l'ajutoir, pour donner l'orifice convenable au jet de refoulemenr

M, boîte à vis en cuivre fondu, fervant à adapter à la Pompe fon tuyau afpirant.

N, tuyau afpirant de cuirs avec des gobelets de cuivre dans l'intérieur. On lui fubftitue un tuyau afpirant en cuivre avec des boîtes de raccordement de diftance en diftance, qui font l'effet d'une genouillère pour faire prendre au tuyau les infléxions defirées, ainfi qu'on l'a vu planche cinquième, figure troifième.

O, levier de la Pompe, brifé en deux parties dans fon milieu, lequel a fon point d'appui ou centre de mouvement en P.

Q, extrémités du levier où font de fortes traverfes en fer, à chacune defquelles on attache 15 à 16 cordes, pour y faire agir autant d'hommes.

R, montants

R, montans de fer, qui fervent à fixer invariablement l'emplacement de chaque Pompe fur fon chaffis de bois.

S, tirans de fer, qui tiennent par des points mou-
vans, au levier & aux tirans des piftons.

T, branche de fer ou tirant tenant par un point
mobile dans le fond du pifton, au haut de laquelle
branche eft une fourchette qui embraffe les montans de fer R, & fert à diriger la courfe du pifton.

V, clef de fer fervant à ferrer les boîtes de raccordement & les regards à vis.

Avec cette Pompe, de même qu'avec les autres
Pompes à incendie, la Manufacture fournit deux
calottes en cuivre fondu, dont les orifices font de
différentes grandeurs, pour être viffées au bout de
l'ajutoir avec choix, relativement à l'élévation où
l'eau doit être momentanément portée ; le plus petit orifice fert pour la plus grande élévation dont la
Pompe eft fufceptible, eû égard à fon diamètre &
au nombre d'hommes qu'il eft poffible d'y employer. On préfere le plus grand orifice, lorfque
l'eau doit être portée à une moindre élévation. Dans
ce dernier cas, le même nombre d'agens travail-
lans avec plus de facilité, donneront beaucoup plus
de coups de pifton, & par conféquent plus de produit ; ou bien on pourra conferver un même produit en fupprimant une partie des agens pour les
employer ailleurs.

Si (par exemple) avec la calotte du plus petit
orifice d'une Pompe quelconque, l'eau eft portée à

Choix à faire de l'une des deux calottes de l'ajutoir, fuivant les circonftances.

Pourquoi le choix de l'une des deux calottes eft effentiel fuivant les befoins.

G

l'élévation de 60 pieds avec quatre hommes, deux hommes fuffiront pour porter dans un même efpace de tems, la même quantité d'eau à l'élévation de trente pieds, avec une calotte dont l'orifice fera d'une double continence. Les connoiffeurs verfés dans cette matiere, fçavent faire ufage de cette progreffion ; mais comme elle n'eft pas connue de la plupart dës perfonnes, des Magiftrats, qui, par état & par amour pour le bien public, donnent des ordres, & veillent aux événemens des incendies, on a crû, autant que cet ouvrage conçu peut le permettre, ne devoir négliger aucune obfervation utile, dans un objet auffi intéreffant pour l'humanité.

X, eft un chaffis de charpente fur lequel la Pompe eft montée, & ce chaffis eft placé & folidement maintenu avec quatre forts crampons, fur un charriot à quatre roues, tant pour la facilité de tranfporter commodément & promptement la Pompe d'un lieu à un autre, qu'afin que le grand levier O foit à une élévation convenable pour le tirage des hommes par les cordes Q.

Avant que de mettre cette Pompe en action, on releve la limoniere du charriot, afin de laiffer libre l'efpace néceffaire aux hommes agens.

Maniere de monter & démonter cette Pompe, de l'emballer, &c. S'il eft queftion de la démonter, on détache du levier les tirans qui tiennent au pifton, & on ôte de fa place ce levier qui fe divife en deux parties: on enleve enfuite chaque pifton, que l'on fort de fon tuyau de garde. Ces diverfes pièces font repairées ainfi que tous les autres ferremens, qui ref-

tent tels qu'ils font fixés fur le chaffis de charpente X.

Si l'on eft dans le cas d'embarquer cette Pompe,
ou de l'envoyer par terre dans des lieux éloignés,
on la démonte, comme il vient d'être dit; on détache du charriot le chaffis de charpente monté de toutes les pièces qui y reftent fixées: ce chaffis avec
les pièces s'emballent enfemble. On emballe féparé-
ment chaque pifton & chaque foupape avec beaucoup de paille, de manière que ces pièces ne puiffent pas être meurtries. On ôte les roues de leurs
effieux & on fait paffer le tout à fa deftination, où
la Pompe eft remontée par les mêmes procédés
qui ont fervi à la démonter. On trouve fur les bords
fupérieurs des tuyaux de garde ainfi qu'aux piftons,
des repaires qui indiquent comment les piftons doivent être placés. Avant de les remettre en place
dans leur tuyau de garde, il eft bon de les enduire
légérement d'huile ou de fuif, pour en faciliter l'introduction.

Lorfqu'on met en action une Pompe à incendie,
l'homme qui dirige l'ajutoir doit tenir l'orifice de
cet ajutoir exactement fermé avec le pouce jufqu'à
ce que la Pompe foit chargée d'eau & fon réfervoir
d'air parfaitement bandé: ce qui fe connoît lorfque
l'effort du pouce de l'homme ne peut qu'avec peine
réfifter à l'effort que fait la colonne d'eau pour s'ouvrir le paffage.

Pour fermer cet orifice dans les fortes Pompes,
on fe fert d'un bouchon de liége, particuliérement

Néceffité de bander exacte-ment, le réfer-voir d'air, & manière de le faire lorfqu'on met la Pompe en action.

pour celles de fix pouces montées fur un charriot. L'orifice de leur ajutoir étant de dix, onze ou douze lignes de diamètre; le pouce n'a ni la largeur, ni la puiffance néceffaire pour tenir le paffage fermé: enforte qu'il convient que l'homme appuie, contre le pavé ou contre tout autre corps folide, l'ajutoir fermé de fon bouchon, jufqu'à ce que la Pompe foit entièrement chargée; c'eft ce qui fe connoît lorfque l'effort des hommes-agens devient impuiffant pour faire mouvoir les piftons; alors celui qui tient l'ajutoir le dégage de fa preffion contre le pavé, le bouchon eft emporté par le jet, & la Pompe eft en action.

Comment on connoît fi l'air extérieur a pénétré dans l'intérieur de la Pompe, & comment cela fe rectifie.

Si l'eau du jet d'une Pompe à incendie fe diverge & petille en s'élevant, ce qui ne peut arriver que par des particules d'air échappées de l'intérieur de la Pompe; c'eft une preuve que l'air extérieur y a pénétré, foit par les boîtes qui fervent de regard aux foupapes, foit par les boîtes de raccordement du tuyau d'afpiration : il faut fur le champ courir au remede, en refferrant les boîtes qui paroîtront en avoir befoin.

Attention qu'il faut avoir eu égard au tuyau d'afpiration lorfqu'on veut transférer une Pompe d'un lieu à un autre.

Lorfqu'on veut transférer une Pompe d'un lieu à un autre, on ploye les bouts qui forment le tuyau d'afpiration les uns à côté des autres après en avoir tant foit peu defferré les boîtes de raccordement qui les réuniffent. On les couche enfuite fur la Pompe qui eft menée à fa deftination; & après avoir mis le bas du tuyau d'afpiration dans les nouvelles eaux, on ferre de nouveau les boîtes de raccordement.

JEU ET PRODUIT,

DE CETTE POMPE.

Quinze à seize hommes appliqués de chaque côté de cette Pompe, aux cordes suspendues aux extrémités du levier Q, font agir cette Pompe. Dans cette forme, ils ont la faculté de faire parcourir quatre pieds de chemin aux extrémités du levier, tandis que les pistons parcourent alternativement vingt pouces.

Le diamètre des pistons est de six pouces extérieur. Il se donne avec aisance soixante à soixante-dix coups de piston en une minute ; il ne se fait aucune perte d'eau sensible, eu égard à la précision du travail. Le produit par coup de piston est d'environ 23 livres d'eau, & il est d'environ 1500 liv. par minute.

Produit de cette Pompe.

Deux avantages considérables résultent de la nouvelle forme donnée à cette Pompe ; l'un est, que les agens ont la faculté de faire parcourir quatre pieds de chemin aux extrémités de son levier, & vingt pouces de levée à ses pistons, dans un temps à peu près le même que celui qu'employent les agens des autres Pompes, à ne faire parcourir qu'environ deux pieds à leurs leviers, & au plus huit à neuf pouces à leurs pistons : de sorte qu'au moyen de cette nouvelle forme, un même nombre d'hommes, en un même espace de temps, donne

Avantages qui résultent de la nouvelle forme de cette Pompe & de la manière de la faire agir.

plus d'une double quantité d'eau, parce que les pistons parcourent plus d'un double chemin. L'autre avantage de cette forme, est la faculté d'employer à cette Pompe un grand nombre d'hommes, dont l'espece ne manque jamais dans les cas malheureux d'incendies. On peut y en appliquer trente & quarante sans embarras, au lieu qu'on ne peut en employer douze ou quinze aux autres Pompes sans qu'ils s'embarrassent entr'eux. Or, comme les grands produits & les grandes élévations d'eau ne peuvent s'acquérir qu'en raison des forces multipliées qu'on y employe, cette faculté par la nouvelle forme, multiplie encore l'avantage des produits & des élévations d'eau.

Autre avantage de cette Pompe par la grosseur & la vélocité de son jet.

Il est encore essentiel d'observer que ces avantages, en produits & en élévation s'opèrent par un seul jet, dont la grosseur, la vélocité & l'abondance, absorbe, pénétre, détache, détruit les charbons ardens des bois incendiés, & produit sans comparaison plus d'effet que six & huit autres Pompes, qui donneroient séparément entr'elles une même quantité d'eau par différens petits jets.

Elles peuvent aussi se placer avantageusement sur une Barque, sur un Radeau, dans un Port de mer, un Bassin, un Canal, pour servir au besoin, à la conservation des Vaisseaux, des Magasins & des Maisons qui avoisinent.

Utilité de cette Pompe si elle est placée dans un bateau

Placées dans des Barques, sur des Canaux, sur des Rivieres qui traversent l'intérieur des Villes, elles peuvent être conduites avec célérité au lieu le plus voisin d'une maison incendiée , soit pour y porter l'eau directement au moyen d'un grand allongement de tuyaux de cuirs, si cela est praticable, soit pour remplir promptement sur les bords de la rivière, ou sur des quais élevés, des tonneaux portés par des charrettes qui voitureroient successivement à l'incendie, & qui y nourriroient abondamment d'eau les Pompes qui travailleroient directement à éteindre le feu. ou radeau , sur une riviere, un canal, dans un port de mer, &c.

Si ces Pompes étoient de la nouvelle invention, qui ne peuvent être dérangées par des cuirs, ni s'engorger par des sables, par des ordures, il est moralement assuré qu'aucune incendie ne tiendroit à cette opération, sur-tout, si ces dernières étoient d'un produit raisonnable, telles que sont les doubles Pompes de quatre pouces un quart & celles de six pouces. Avec de bonnes Pompes & beaucoup d'eau les incendies seront sans progrès, le feu sera éteint dans son principe.

A l'indication qu'on vient de donner des charrettes pour voiturer des tonneaux d'eau aux incendies, personne ne méconnoîtra une branche du bel & vaste établissement nouvellement formé par M. de Sartine, Conseiller d'Etat, Lieutenant Général de Police actuel de la Ville de Paris, pour la sûreté de ses habitans dans cette partie. Heureux , si les nouvelles Pompes, particulierement celles proposées sur des bateaux, peuvent contribuer encore pour quelque chose à la solidité de cet utile établissement qui semble ne pouvoir être trop promptement imité dans les Villes d'un rang inférieur. Il seroit à désirer que le bel établissement , eu égard aux incendies, formé par M. de Sartine , Lieutenant Général de Police à Paris, fût imité , en petit, dans les Villes de moindre rang.

Attention né-
ceffaire fur la
pofition des
hommes qui
font agir des
Pompes par le
tirage des cor-
des, foit à l'u-
fage des Incen-
dies, de la Ma-
rine ou ail-
leurs.

On obferve que les hommes qui font agir des Pompes par le tirage des cordes, dans quelque cas que ce puiffe être, pour la Marine, les Incendies & ailleurs, doivent d'abord être mis dans la pofition la plus naturelle & la plus avantageufe pour ce travail. Lorfque chaque bout du levier où les cordes font attachées, eft alternativement dans toute fon éléyation, chaque agent porte fes mains le plus haut poffible au-deffus de fa tête, où il empoigne fa corde, qu'il ne quitte plus au point qu'il l'a une fois faifie ; c'eft fon corps qui fait toute l'action de la baiffée & de la relevée. Si les agens changeoient les emplacemens de leurs mains, ils ne tireroient plus enfemble, il y auroit bientôt contrariété dans les mouvemens & les forces uniformes avec lefquelles les leviers des Pompes doivent être mis en action. Cette forme qu'il convient de montrer aux hommes-agens, doit être exactement obfervée.

On a fait voir plus haut page 25, les grands avantages que l'on tire de la pofition des hommes qui font agir les Pompes par le tirage des cordes; c'eft une autre propriété qui eft particuliere aux nouvelles Pompes fans cuirs, & qui émane de ce que leur pifton font fans frottement fenfible, & redefcendent par eux-mêmes avec toute leur pefanteur. Il eft évident que cette pofition des hommes, par le tirage des cordes, n'eft pas praticable dans l'ufage des Pompes connues, qui néceffitent une force quelconque pour vaincre la réfiftance des

frottemens

frottemens du piſton dans leur deſcente comme dans leur montée. Les nouvelles Pompes n'euſſent-elles acquiſes que la faculté de cette poſition par la nature de leur forme, quelle ſupériorité n'en réſulte-t-il pas pour leur produit ?

RÉSULTAT

De ce qui vient d'être dit concernant les Pompes à Incendie.

1°. *ON a vu que le produit des nouvelles Pompes à incendie eſt naturellement ſupérieur aux autres, par la ſuppreſſion des frottemens des cuirs des piſtons.* pag. 5. 6. 7. 24. 25 & 27.

2°. *Que leur jet ne ſe fait pas par éjaculation, mais qu'il porte entierement ſon eau à l'endroit in-cendié.* page 43.

3°. *Qu'elles ſe chargent d'eau par elles-mêmes dans toute ſorte de poſition.* pag. 41 & 42.

4°. *Qu'elles n'ont pas beſoin d'être amorcées pour être miſes en action.* page 26.

5°. *Qu'elles peuvent être appliquées à divers uſages utiles & agréables, pour l'intérieur des maiſons, les ar-roſemens des jardins, &c.* pag. 8. 44. 45 & 46.

6°. *Que leur durée preſqu'inaltérables, les rend en quelque ſorte un immeuble dans une famille,* page 45.

H

7°. *Qu'à ces divers avantages, se réunit celui de l'économie : leur prix est moindre ou tout au plus égal à celui des meilleures Pompes usitées de même diamètre, leur durée est infiniment supérieure, & elles ne coûtent ni réparations ni entretien.* page 43.

8°. *Qu'enfin (ce qui est un point capital) elles ne sont pas susceptibles d'être engorgées par des sables, par des ordures qui en dérangent les cuirs , desorte que leur service est invariablement assuré, lors des événemens funestes d'incendie.* pag. 28. 29. 30. 31. 32 & 34.

9°. *D'ailleurs, quelles ressources ne tirera-t-on pas de la nouvelle forte Pompe à incendie sur un charriot à quatre roues, laquelle peut aussi être placée sur un bateau, sur un radeau.* pag. 54 & 55.

ON A VU AU CONTRAIRE:

1°. *Que la résistance qu'éprouvent les Pompes à incendie actuelles par les frottemens des cuirs de leur piston, doivent rendre nécessairement leur jeu plus difficile, plus ralenti, & leur produit bien moindre que celui des Pompes sans cuirs ,* pag. 5. 6. 7 & 27.

2°. *Que ces cuirs sont sujets à se renfler, à se déssécher, à se déranger, à des attentions continuelles & frais d'entretien.* pag. 5 & 6.

3°. *Qu'il faut les amorcer pour pouvoir les mettre en action, & employer à la plupart de ces Pom-*

pes un nombre d'hommes pour y porter l'eau néceſſaire à les nourrir. pag. 6. 26 & 42.

4°. *Que le jet de preſque toutes ſe faiſant par éjaculation , une bonne partie de l'eau retombe
avant que d'être parvenue à l'endroit incendié.*
page 43.

5°. *Qu'enfin, leurs cuirs les rendent ſujettes à de fré-
quens dérangemens , à des engorgemens par
des ſables , par les moindres ordures , qui arrê-
tent ſubitement le jeu de ces Pompes , ce qui eſt
le comble des inconvéniens que l'on ſçait n'être
que trop ſouvent réaliſés.* pag. 4. 6 & 34.

D'après le contraſte de ces tableaux , tout le
monde eſt en état de juger d'un choix qui mérite
la plus ſérieuſe conſidération pour le bien public.

H ij

Berthault Sculp.

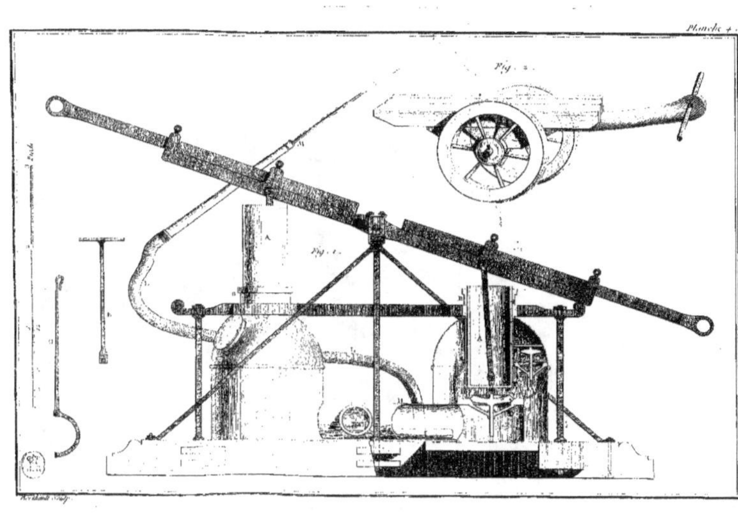
Planche 4.
Fig. 2.
Fig. 1.

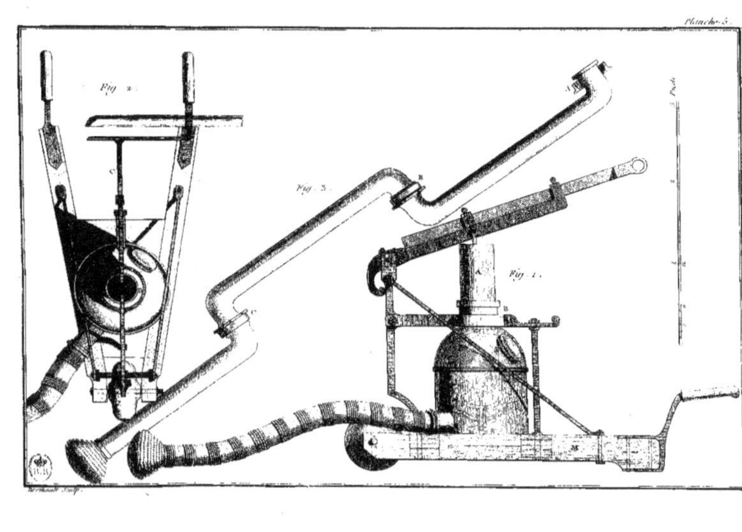
Planche 3.
Fig. 2.
Fig. 3.
Fig. 1.
Pieds

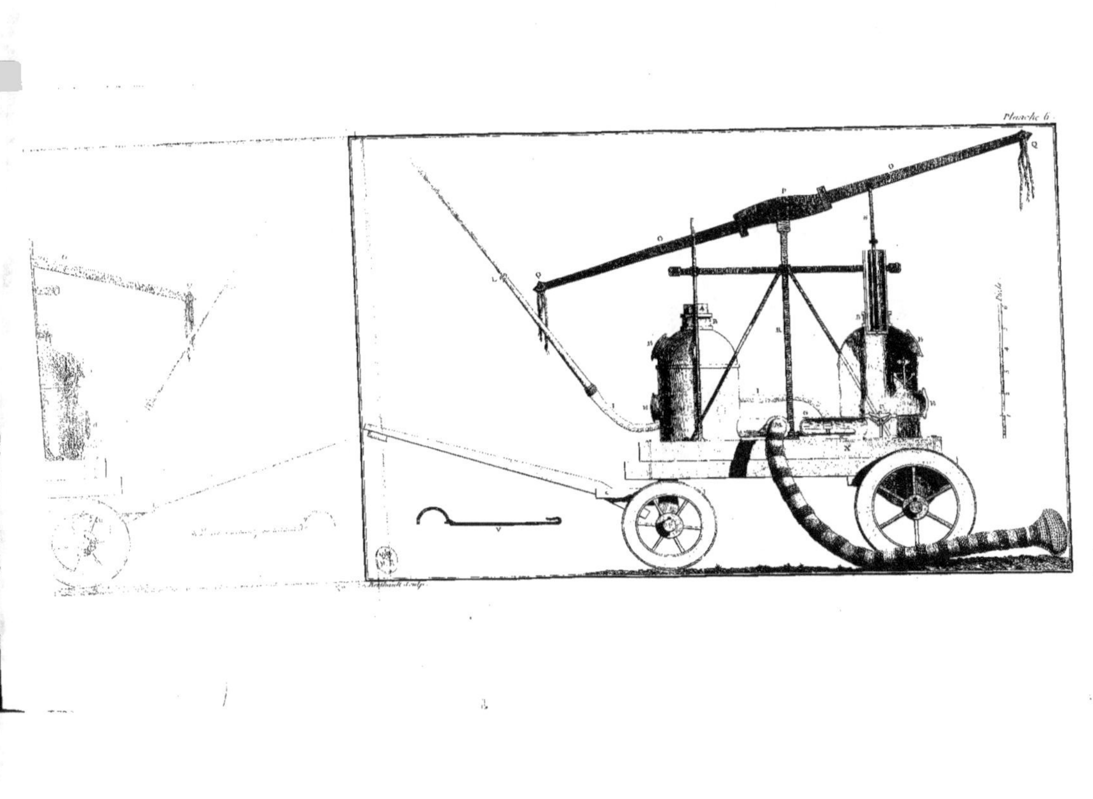

Planche 6.

POMPES

POUR

ÉLEVER L'EAU DES PUITS,

DES MINES, DES CARRIERES,

P O U R servir aux Brasseries, Teintureries, Manufactures, à épuiser les fouilles des Bâtimens, aux grands épuisemens des Marais.

CES Pompes se font de deux formes différentes; les unes sont nommées Pompes à piston intérieur, telles sont les Pompes des Vaisseaux: les autres sont nommées Pompes à piston extérieur, ou Pompes à bec de corbin, desquelles on donnera ci-après la description. Les unes & les autres ont les mêmes propriétés, les mêmes avantages, & sont composées d'après les mêmes principes.

Pour partir d'un point fixe, eu égard à la hauteur de ces Pompes, on les annonce toutes ici, pour une élévation uniforme d'eau d'environ quinze pieds, dans laquelle longueur se trouve renfermée toute leur mécanique. On augmente cette élévation à volonté, en augmentant les tuyaux montants.

Les Pompes à piston intérieur font des Pompes à épuifement, telles précifément que la Pompe des Navires Marchands, décrite planche première, figure deuxième, page 20, à laquelle on renvoye pour éviter des répétitions.

La pofition, la forme & la longueur données au levier, doivent être remplies avec attention, de manière que la levée du piston foit de feize à dix-huit pouces, pour avoir de cette Pompe toute l'eau dont elle eft fufceptible.

Par un homme, elle donne alors, à l'élévation de quinze à feize pieds, environ quatre cents livres d'eau par minute.

Si la Pompe eft allongée pour dégorger, par exemple à trente pieds, & qu'on puiffe fe contenter de deux cents livres d'eau par minute, le même homme fuffira en doublant la longueur de la queue du levier, de maniere que l'homme parcourant toujours un même chemin, la levée du piston ne fera plus que de huit à neuf pouces au lieu de dix-huit.

Si l'on veut avoir les quatre cents livres d'eau à trente pieds, il faut y employer deux hommes fans allonger le levier; fi c'eft à quarante-cinq pieds, il faut y employer trois hommes : à foixante pieds, il en faut quatre, & ainfi du refte.

Dans cette forme de Pompes, dont les pistons font intérieurs, ainfi que dans celles qui ont leurs pistons extérieurs, il s'en fait de tout diamètre & de tout produit, pour les plus grands, comme pour les plus petits befoins.

Différens produits fuivant les diverfes élévations.

On en fait de deux pouces une ligne & demie de diamètre, dont le prix modique peut mettre tout citoyen à portée de jouir des avantages de ces Pompes, lorsqu'il n'a besoin que d'une petite quantité d'eau. Telles sont, par exemple, les Pompes domestiques pour les puits des maisons bourgeoises, pour les puits des jardins, des potagers. Elles donnent par un homme depuis la moindre élévation jusqu'à celle de soixante pieds, environ cent livres d'eau par minute, leurs pistons parcourant seize à dix-huit pouces de chemin; si l'élévation est bien moindre, un enfant peut donner ce même produit; si l'élévation est plus forte, par exemple de cent vingt pieds, on double alors la longueur de la queue du levier, & on a par un homme cinquante livres d'eau par minute, ce qui est suffisant en bien des cas.

Produit des petites Pompes de deux pouces une ligne & demie de diamètre.

Celles du diamètre de trois pouces, donnent également par un homme, & par minute, environ deux cents livres d'eau, à l'élévation de trente pieds, la levée du piston étant de seize à dix-huit pouces.

Produit de celles de trois pouces.

Celles du diamètre de quatre pouces un quart, de six pouces, de huit pouces & demi, & de dix pouces, ont été examinées dans la description des Pompes à épuisemens pour les Vaisseaux, pag. 5. 13. 17. 23. 24 & 25, où l'on renvoye le Lecteur.

Les produits des autres Pompes se trouvent détaillés pages 5. 13. 17 & suivantes, dans la description des Pompes pour les Vaisseaux.

La figure première représente l'autre genre de Pompes appropriées pour les usages indiqués dans cet article. Leur piston est extérieur; on les nomme Pompe à bec de corbin, à cause de leur forme.

Planche septième.
Figure première.

Leurs produits, leurs propriétés, & les forces qu'elles exigent, font les mêmes que ce qui vient d'être dit fur les Pompes à pifton intérieur. La feule différence entr'elles, eft que le levier d'une Pompe à pifton intérieur, doit néceffairement être placé au-deffus de la Pompe & de fon dégorgement, au lieu que le levier de la Pompe à bec de corbin eft placé à volonté pour porter l'eau à des élévations arbitraires au-deffus du fol, c'eft-à-dire, 15, 30, 60, 100 & 200 pieds.

Defcription des Pompes, dont les piftons font extérieurs, nomméesPompes à bec de corbin.

A, eft le bas de la Pompe à bec de corbin qui trempe dans les eaux à élever.

B, eft une efpece de crible percé d'une infinité de petits trous, placé dans l'intérieur du bas de la Pompe, pour empêcher l'introduction des groffes ordures dans l'afpiration.

C, eft l'emplacement de la foupape d'afpiration.

D, eft le regard ou boîte à vis de cuivre fondu, qui s'ouvre à volonté, pour vifiter les foupapes d'afpiration & de refoulement.

E, eft une traverfe ou barette de cuivre, qui s'ôte & fe remet à volonté, & qui fert à fixer l'élévation de la foupape d'afpiration.

F, eft un tuyau de cuivre rouge en planche, adapté en forme de bec de corbin à la Pompe.

G, eft le corps de Pompe ou tuyau de garde de cuivre fondu, qui tient au bas du tuyau de cuivre en planche F.

H, eft le pifton dans fon tuyau de garde.

I, eft l'emplacement de la foupape de refoulement.

K, eft